低碳生活你我他

工作办公篇

孙亚锋 李 雪 主编

中国农业科学技术出版社

图书在版编目（CIP）数据

低碳生活你我他.工作办公篇/孙亚锋，李雪主编.—北京：中国农业科学技术出版社，2015.1

ISBN 978-7-5116-1626-5

Ⅰ.①低… Ⅱ.①孙…②李… Ⅲ.①节能—普及读物 Ⅳ.①TK01—49

中国版本图书馆 CIP 数据核字 (2014) 第 078902 号

责任编辑　李　雪　史咏竹
责任校对　贾晓红
出版发行　中国农业科学技术出版社
　　　　　北京市中关村南大街 12 号　邮编：100081
电　　话　(010) 82106626　82109707（编辑室）
　　　　　(010) 82109702（发行部）　82109709（读者服务部）
传　　真　(010) 82109707
网　　址　http : //www.castp.cn
经　　销　各地新华书店
印　　刷　北京建宏印刷有限公司
开　　本　710mm×1000mm　1/16
印　　张　5.75
字　　数　103 千字
版　　次　2015 年 1 月第 1 版　2020 年 8 月第 3 次印刷
定　　价　29.00 元

内 容 简 介

　　本书以图文并茂的形式、通俗易懂的文字轻松地勾勒出工作中，
关于办公、通讯、出行等各方面的低碳生活。趣味漫画容易理解，
贴近实际、贴近生活，突出了科学性和实用性，是人们学习新知识、
了解新动态、掌握新方法的好帮手，也是一本优秀的科普读物，同
时更是"科普图书室""农家书屋""社区书屋"以及家庭所需的优
秀书目。

前 言

　　人类只有一个可生息的村庄——地球。可是这个村庄正在被人类制造出来的各种环境灾难所威胁：水污染、空气污染、植被萎缩、物种濒危、江河断流、垃圾围城、土地荒漠化、臭氧层空洞……不要以为"拯救地球"是那些大科学家和超人们该做的事！我们所做的每一件小事都可能关系到地球的存亡！作为居住在地球上的村民，我们不能仅仅担忧和抱怨，而必须行动起来。在此背景下，"低碳"等系列新概念、新理念应运而生。

　　"低碳"其实离我们的生活并不远。它是一种将低碳意识、环保意识融入日常生活的态度，就是在日常生活中从自己做起，从小事做起，最大限度地减少一切可能的能源消耗。低碳生活首先要树立低碳意识、付诸行动，其次要学习低碳节能知识和低碳节能技能，然后就是贵在坚持、养成习惯，并鼓励他人和自己一起倡导和践行低碳生活。

　　本书以图文并茂的形式、通俗易懂的文字轻松地勾勒出工作中，关于办公、通讯、出行等各方面的低碳生活细节。全书图文并茂，浅显易懂，生动有趣，老少皆宜，适合所有对低碳环保感兴趣的读者阅读。书中的每一个小细节都是在科学严谨的基础上，立足生活，力求实用，具有可操作性，可以引领广大读者走进低碳生活，快速成为低碳生活的时尚达人，是您创新生活方式、提高生活品位的好帮手。

　　还不知道从哪个地方开始做起？那就一起来看看这本书会带给你一些什么有用的妙计、招数吧！

编　者

2014 年 2 月

目 录

第一章　低碳常识

☆ 什么是低碳生活

低碳生活，是指生活作息时所耗用的能量要尽可能地减少，从而降低碳，特别是二氧化碳的排放量，减少对大气的污染，减缓生态环境恶化。

具体地说，低碳生活就是在不降低生活质量的前提下，通过改变一些生活方式，充分利用高科技以及清洁能源，从而减少煤、石油、天燃气等化石燃料和木材等含碳燃料的耗用，降低二氧化碳排放量，减少能耗，减少污染，达到遏制气候变暖和环境恶化的目的。

低碳生活以低能耗、低污染、低排放为特征，代表着更健康、更自然、更安全的消费理念，达到人与自然和谐共处的境界。

"低碳生活"的生态环境真的很好！

☆ 践行低碳生活应从哪些方面入手

日常生活包括衣、食、住、用、行等几个方面，大众践行低碳生活主要从这几方面注意节能减排。

1. 选择"低碳住房""低碳装修""低碳着装""低碳饮食""低碳消费"的生活方式,在日常生活中,注意节约,充分利用旧物,减少垃圾,做到垃圾分类及科学处理,多养花草来吸收二氧化碳。

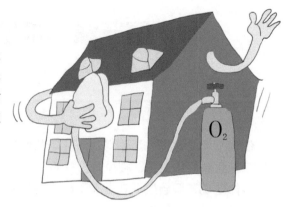

2. 生活中处处注意节能减排。节电、节水、节煤、节气是实现节能减排的主要措施。目前,中国用电多是用燃煤发的火电,自来水的调运、生产、输送等又需要耗电。因此,节电、节水等都可间接地节省燃煤,减少二氧化碳等气体的排放,利于环境的保护。

3. 选择低碳出行方式,尽可能减少燃油的消耗。离家较近的上班族可骑自行车上下班;短途旅行选择火车而不搭乘飞机;有私家车的在驾车时掌握节油技巧。

4. 充分利用现代科技成果，在生活中，用太阳能、沼气等清洁能源代替煤、电、石油、天然气等传统能源。

☆ **碳排放计算公式**

用电的碳排放（千克）=
用电量（度）× 0.785

用水的碳排放（千克）=
用水量（吨）× 0.91

用气的碳排放（千克）=
用气量（立方米）×0.19

耗油的碳排放（千克）=
耗油量（升）×2.7

垃圾的碳排放（千克）=
垃圾量（千克）×2.06

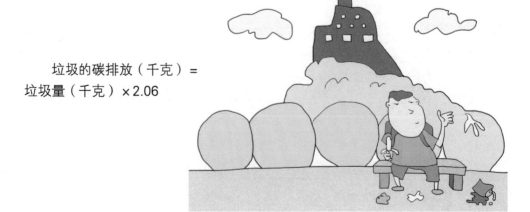

冷饮的碳排放（千克）=
冷饮量（瓶）×0.2

啤酒的碳排放（千克）=
啤酒量（瓶）×0.2

少喝白酒！

白酒的碳排放（千克）=
白酒量（千克）×2

5

烟草的碳排放（克）=
烟支数 × 1.1

浪费肉食的碳排放（千克）=
浪费肉食量（千克）× 1.4

浪费粮食（以水稻
为例）的碳排放（千
克）= 浪费粮食量（千
克）× 0.9

一次性筷子的碳排放（克）＝一次性筷子（双）×22.8

开冰箱门的碳排放（克）＝冰箱门开的时间（秒）×2.68

饮水机（以600瓦为例）碳排放（克）＝饮水机开启时间（小时）×52.5

☆ 日常生活方式与碳排放量

　　低碳生活对于普通人来说是一种生活态度，是一种新的生活方式。日常生活中的低碳行动对于减少碳排放量的影响，可从以下数据看出。

少搭乘 1 次电梯，可减少 0.218 千克的碳排放。

少开空调 1 小时，可减少 0.621 千克的碳排放。

少吹电扇 1 小时，可减少 0.045 千克的碳排放。

少看电视1小时，可减少0.096千克的碳排放。

少用1小时白炽灯，可减少0.041千克的碳排放。

少开车1千米，可减少0.22千克的碳排放。

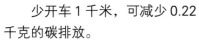

少吃 1 次快餐，可减少 0.48 千克的碳排放。

少丢 1 千克垃圾，可减少 2.06 千克的碳排放。

少吃 1 千克牛肉，可减少 13 千克的碳排放。

省 1 度电，可减少 0.638 千克的碳排放。

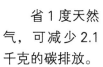

省 1 吨水，可减少 0.194 千克的碳排放。

省 1 度天然气，可减少 2.1 千克的碳排放。

把在电动跑步机上 45 分钟的锻炼改为到附近公园慢跑，可减少近 1 千克的二氧化碳排放量。

不用洗衣机甩干衣服，而是让衣服自然晾干，可减少 2.3 千克的二氧化碳排放量。

将 60 瓦的灯泡换成节能灯，可减少 4 倍二氧化碳排放量。

改用节水型淋浴喷头，一次洗浴不仅可节约 10 升水，还可以将 3 分钟热水淋浴所产生的二氧化碳排放量减少一半。

如果每人每天做到每一项，可每天减少约 21 千克的碳排放量。

如果全国每个人每一天都能做到每一项，那么每天可减少约 3×10^7 吨的碳排放量。

如果全世界每人每天都能做到每一项，那么每天可减少约 1.1×10^8 吨的碳排放量。

☆ **联合国环境规划署提出的低碳生活建议**

建议 1

在午餐休息时间和下班后关闭电脑及显示器，这样做除省电外，还可以将这些电器的二氧化碳排放量减少 1/3。

建议 **2**

使用一般牙刷替代电动牙刷，这样可以每天减少48克的二氧化碳排放量。

建议 **3**

使用传统的发条式闹钟替代电子钟，这样可以每天减少大约48克的二氧化碳排放量。

建议 **4**

如果去8千米以外的地方，乘坐轨道交通车可比乘小汽车减少1.7千克的二氧化碳排放量。

低碳小贴士

让我们从现在做起，从每个人做起，合理利用资源、节约资源，消除浪费，减少碳排放。开始一种真正健康、绿色的"低碳生活"！

☆ **与人为活动有关的温室气体排放**

1. 化石能源燃烧（主要排放二氧化碳），如煤（含碳量最高）、石油、天然气（含碳量较低）的燃烧。

2. 化石能源开采过程的排放和泄漏（排放二氧化碳和甲烷），如煤炭瓦斯、天然气泄漏。

3. 工业生产工艺过程（排放二氧化碳和其他温室气体），如水泥、石灰、钢铁、化工等的生产。

4. 农业生产，如种植水稻田排放甲烷。

5. 畜牧业，如反刍动物（牛、羊）消化过程排放甲烷。

6. 土地利用变化（减少对二氧化碳的吸收），如森林砍伐，房屋、工程用地导致植被减少，农牧过度利用及土壤沙化等。

7. 废弃物处理（排放甲烷）。

第二章　商务公务

日常的办公、会议、出差等，都可归于商务公务的范畴。这类活动种类繁多，并且千差万别，下面介绍几种较常见的商务公务活动的碳排放情况。

☆ 使用电脑时的碳排放

现代办公离不开电脑，电脑运行所耗费的电成为办公用电的重要组成部分。据估算，台式电脑主机每正常工作 1 小时，将因耗电产生 0.17 千克的碳排放，而笔记本电脑工作 1 小时的碳排放量约为 0.01 千克。

作为电脑的显示设备，电脑显示屏也需要耗电并排放二氧化碳。一般电子射线管显示器（CRT）的功率在 100 瓦左右，1 小时耗电约 0.1 度，相应排放二氧化碳约 0.1 千克，而液晶显示器（LCD）的功率一般在 40 瓦左右，1 小时耗电约 0.04 度，排放二氧化碳约 0.04 千克。

☆ 使用纸张时的碳排放

办公使用的纸张，从砍伐树木到生产纸浆、纸张使用后的废纸处理，都会产生二氧化碳排放，而且这还不包括砍伐树木而减少的二氧化碳吸收量。据推算，生产 1 张 A4 纸将排放约 0.1 千克二氧化碳，每处理 1 张 A4 大小的废纸将排放约 0.12 千克二氧化碳。

☆ 提倡无纸化办公

近年来，造纸业已成为环境污染的大户，特别是在一些地区，造纸企业所排放的废水已严重威胁到当地的生态安全与生活用水的安全，造纸业排放的化学污染物耗氧量呈现出惊人增长。因此，在办公中应提倡"无纸化"，尽量使用电子邮件、MSN 等网络通信工具传递办公信息，减少打印机、传真机的使用。减少污染，节约资源。

如果全国 10% 的打印、复印都采用纸张双面使用，那么每年可减少耗纸约 5.1 万吨，减排二氧化碳 16.4 万吨；如果全国每年有 1/3 的教科书得到循环使用，那么可减少耗纸约 20 万吨，减排二氧化碳 66 万吨；用 1 封电子邮件代替 1 封纸质信函，可相应减排二氧化碳 52.6 克；使用 1 张再生纸可相应减排二氧化碳 4.7 克。

☆ 合理选择电脑配件

选择电脑配件时，应根据所从事的工作有针对性地进行选择，避免配置过高造成浪费。例如，选择电脑的中央处理器（CPU）时，应选择热设计功耗（TDP）较小的CPU。TDP是指CPU散热时需要驱散的热量最大值，这个数值越小，说明CPU越节能。

这台电脑的配件正适合我工作！

此外，如果只是一般工作使用，对显卡没有特殊的要求，则不要选择高性能的显卡，因为高性能显卡的发热量比中低性能显卡多，需要消耗更多电能来散热。

☆ 不用电脑时以待机代替屏幕保护

不用电脑时以待机代替屏幕保护，每台台式机每年可省电6.3度，相应减排二氧化碳6千克；每台笔记本电脑每年可省电1.5度，相应减排二氧化碳1.4千克。如果对全国保有的7 700万台电脑都采取这一措施，那么每年可省电4.5亿度，相应减排二氧化碳43万吨。

电脑待机中……

低碳小贴士

　　休息时和下班后关闭电脑及显示器，除省电外还可以将这些电器的二氧化碳排放量减少 1/3。

☆ 将电脑屏幕亮度调低

　　调低电脑屏幕亮度，每台台式机每年可省电约 30 度，相应减排二氧化碳 29 千克；每台笔记本电脑每年可省电约 15 度，相应减排二氧化碳 14.6 千克。如果对全国保有的约 7 700 万台电脑屏幕都采取这一措施，那么每年可省电约 23 亿度，相应减排二氧化碳 220 万吨。

太亮了，调暗一些！

☆ 用液晶电脑屏幕代替 CRT 屏幕

液晶屏幕与传统 CRT 屏幕相比，大约节能 50%，每台每年可节电约 20 度，相应减排二氧化碳 19.2 千克。如果全国保有的约 4 000 万台 CRT 屏幕都被液晶屏幕代替，每年可节电约 8 亿度，减排二氧化碳 76.9 万吨。

☆ 选择合适大小的显示器

显示器的选择要恰当，因为显示器越大，消耗的能源越多，一台 17 英寸的显示器比 14 英寸显示器耗能多 35%。

☆ 减少使用内置光驱

用电脑看 DVD 或者 VCD，不要使用内置的光驱，因为光驱的高速转动会耗费大量的电能，可以把碟片上的内容复制到硬盘上面来播放。

☆ 合理选择关机方式

需要立即恢复时采用"待机"、电池运用选"睡眠"、长时间不用选"关机"。尽量不要强制关机。

☆ 笔记本电池节电方法

一台笔记本电脑，比一台台式电脑消耗电能要少。笔记本电池的节电招式如下。

第 **1** 招

调低屏幕的亮度。

第 **2** 招

当不使用无线接收装置时，把它关掉。

第3招

电池使用过程中，尽量进行完全的充放电。

第4招

避免在很高或很低的温度下使用电池。

第5招

为显示器、硬盘和系统休眠设定待机时间。

23

低碳小贴士

新的笔记本电脑，锂离子电池在初次使用时，要进行 3 次完全的充放电，即把电量用完再充电，以激活电池内部的化学物质，使电池内部的电化学反应进入最佳状态。在以后的使用中就可以随意地即充即用，但要保证 1 个月之内电池必须有 1 次完全的放电。

☆ 合理选择复印机位置

复印机也需要注意设置的地点，方便其散热，否则其运转的效率会降低，连带提升用电量。不要将复印机设置在空气不流通的环境中，复印机后方也必须与墙面保持 10 厘米以上的距离。目前有越来越多的复印机开始具有省电功能，如果复印机有 15 分钟未使用时，便会进入省电模式。

此外，在使用习惯上，避免影印失败，在影印前就需设定纸张大小与复印份数，来节省电力与纸张成本。

您好！为您服务！

☆ 合理使用纸张

第 1 招

纸张双面打印、复印。纸张双面打印、复印，既可以减少费用，又可以节能减排。如果全国 10% 的打印、复印做到这一点，那么每年可减少耗纸约 5.1 万吨，节能 6.4 万吨标准煤，相应减排二氧化碳 16.4 万吨。

麻烦您纸张双面打印！

第 2 招

使用再生纸。用原木为原料生产 1 吨纸，比生产 1 吨再生纸多耗能 40%。使用 1 张再生纸可以节能约 1.8 克标准煤，相应减排二氧化碳 4.7 克。如果将全国 2% 的纸张使用改为再生纸，那么每年可节能约 45.2 万吨标准煤，减排二氧化碳 116.4 万吨。

第 3 招

使用草稿纸件。

第4招

用电子邮件代替纸质信函。在互联网日益普及的形势下，用 1 封电子邮件代替 1 封纸质信函，可相应减排二氧化碳 52.6 克。如果全国 1/3 的纸质信函用电子邮件代替，那么每年可减少耗纸约 3.9 万吨，节能 5 万吨标准煤，减排二氧化碳 12.9 万吨。

第5招

用电子书刊代替印刷书刊。如果将全国 5% 的出版图书、期刊、报纸用电子书刊代替，每年可减少耗纸约 26 万吨，节能 33.1 万吨标准煤，相应减排二氧化碳 85.2 万吨。

第6招

用手帕、毛巾代替纸巾。用手帕代替纸巾，每人每年可减少耗纸约 0.17 千克，节能 0.2 吨标准煤，相应减排二氧化碳 0.57 千克。如果全国每年有 10% 的纸巾使用改为用手帕代替，那么可减少耗纸约 2.2 万吨，节能 2.8 万吨标准煤，减排二氧化碳 7.4 万吨。

☆ 合理使用办公用笔

笔是办公场所中的必备品之一。小小的一支笔虽然不起眼儿，但如果忽视了它也会造成极大的浪费。我们在办公室中要注意如下细节。

（1）使用可更换笔芯的书写笔代替一次性的书写笔。

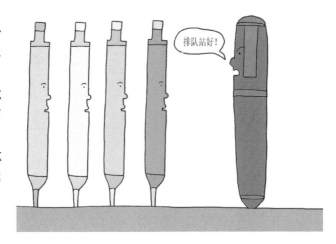

排队站好！

（2）尽量减少木质铅笔的使用，代以自动铅笔。

（3）尽量使用墨水笔，一支上好的书写笔的价格可以买 10 多瓶墨水，而墨水往往可以使用更长的时间。

☆ 少用订书钉

英国有资料表明，如果每位办公人员每天少用 1 枚订书钉，1 年将会节约 120 吨钢材，以及制造这些钢材所需使用的能源。在中国这样的人口大国能省下来的钢材应该更多。现在你有了新的选择，使用无订书钉的订书机吧，一枚小小的订书钉也能体现你的低碳生活主张。

☆ 办公断电要及时

现代办公场所已经离不开电子产品的支撑，而这些电子产品却是耗能大户，同时，办公设备的节能又常常被人们忽视，长此以往就造成了惊人的浪费。

办公设备在不用时及时断电，不仅能收到良好的节能减排效果，同时也是个人公德心和责任心的体现。

☆ 采购环保型产品

办公用品尽量采购环保型产品，且要按需采购以减少库存。制作宣传品时使用不加塑料膜的纸质材料；尽量使用回形针、大头针、订书机来取代含苯的胶水；尽量使用铅笔（写错了，可以用橡皮擦掉），减少挥发性墨水和立可白（修正液）的使用；不购买含汞电池，选择无汞电池或使用交流电；选择可回收再利用的产品，如可替换内芯的笔、充电电池；提倡减少纸巾的使用量，多用抹布、毛巾；邮寄时选择合适尺寸的包装箱，减少发泡填充物的使用，尽可能重复使用包装箱。

☆ 开高效会议

　　任何一个单位都少不了会议，有内部的部门会议、全体大会，还要参加或者主办一些以合作、交流、招商为主题的投资洽谈会，合作签约会、项目展示会、新品介绍会等。会议是必要的，但是低效率、浪费型的会议千万不要开，那只会浪费资源，起不了大的作用。

　　要开高效会议，更要消除会议中的浪费。可以采取以下的招术来减少会议中的浪费。

第 1 招

　　单位内部的大小型会议都要要求参会人员自带水杯，而且尽量少发放纸张材料，提倡无纸化办公，会议发起人可以准备 PPT 在会议上展示。

第2招

一些对外的大型会议，会议发言稿、交流材料等不必全文印发，只印出较重要的会议精神即可。还有企业的宣传册，完全可以用光盘来代替，不仅生动也节省纸张，这些做法并不是"抠门儿"，而是在宣传节约，也会得到与会人员的认可。

第3招

节约会议用水。不发放矿泉水的会议，可以为与会人员准备茶水。发放矿泉水的会议，在结束时提醒与会人员带走剩下的水。

第4招

压缩与控制与会人数。这样一方面可以降低会务成本，另一方面也会提高效率。

第5招

主办方在一次性耗材方面注意压缩，适当使用热气球、横幅等，而且注意回收再利用。

第6招

主办方在与会人员就餐方面注意节约，不铺张浪费，主张俭朴待客。

第7招

跨地区的会议尽量采用电话会议或视频会议等方式，以减少开会人员在交通、住宿上的碳排放。

第8招

开会的时候一定不要长篇大论、废话连篇，那没有半点用处，只会产生浪费，增加排放。

☆ 办公室绿化

　　繁忙的事务、紧张的气氛，在巨大的工作压力面前，办公室摆放的绿色植物会给人一片清新宁静的天空，在潜移默化中使人解除疲惫，舒缓紧张，排除压力，进而使人心旷神怡，在和谐的环境中提高工作效率，优化工作质量。

　　办公室多种植一些可净化空气的植物，如芦荟、吊兰、虎尾兰、一叶兰、龟背竹、非洲菊等，有研究表明，虎尾兰和吊兰可以吸收室内 80% 以上的有害气体，吸收甲醛的能力超强，芦荟也是吸收甲醛的好手，可以吸收 1 立方米空气中所含的 90% 的甲醛。它们除了可吸收办公室的甲醛之外，也能分解复印机、打印机排出的苯。

芦　荟　　　　　　　　　　　　　吊　兰

虎尾兰　　　　　　　　　　　　　一叶兰

龟背竹　　　　　　　　　　　非洲菊

散尾葵和棕竹并驾齐驱为最能净化空气的植物。散尾葵在干燥时期能使房间或办公室保持湿润，持续除去空气中的有害化学物质。

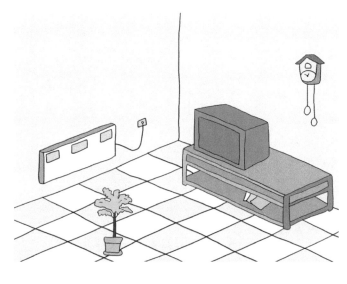

棕竹是一种万能植物，适宜在 $0 \sim 40\,℃$ 存活，而且对大多数植物昆虫都有抵抗作用。

夏威夷椰子、龙血树也都是不错的"净化植物"，能让你的房间或办公室的空气变得清新宜人。

日本葵是能有效降低空气中漂浮的有毒化学物的植物。

低碳小贴士

植物活化石

250万年遗留下来的红豆杉树种，又名紫杉，堪称是名副其实的"植物大熊猫"。红豆杉可全天24小时吸入二氧公碳，呼出氧气，与其他植物相比，最大的优势是适合在室内摆放，起到增氧效果，红豆杉还可以吸收一氧化碳、尼古丁、二氧化碳等有毒物质，吸收甲醛、苯、甲苯、二甲苯等致癌物质，净化空气，起到防癌、抗癌作用。红豆杉耐阴、耐温，是极好的盆栽观叶植物。

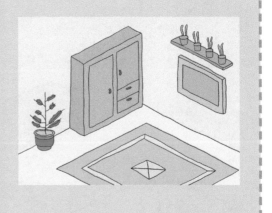

第三章 通 信

☆ 手机在生产时的碳排放

随着通信业的快速发展，手机的普及率不断上升。据统计，截至 2008 年年底，全球手机用户达到 40 亿，普及率近 60%。生产手机要消耗大量的材料、能源。据估算，每生产 1 部手机，将会导致 60 千克二氧化碳排放。

☆ 手机在使用时的碳排放

使用一年将排放112千克二氧化碳！

平均 1 部手机每使用 1 年将排放 112 千克二氧化碳，主要源自手机充电器的电耗。

☆ 合理使用手机

（1）调节手机背景灯亮度和显示时间。

（2）视不同场所调节手机铃声音量。

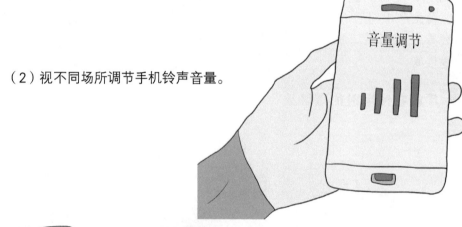

（3）减少手机不必要功能的使用。

（4）养成不用时将手机关机的习惯。

（5）由于手机在信号较弱时会自动搜索信号，耗费较多电量，因此，应尽量避免在恶劣天气时、密闭环境下和快速移动时打手机。

（6）使用翻盖手机的用户应尽量减少翻盖次数。

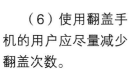

（7）在办公室和家中，尽量使用固定电话或采用其他联系方式（如电子邮件）。

☆ **手机合理充电**

（1）手机充电完毕后，应立即切断充电器电源，避免浪费电能。

（2）充电时尽量采用慢充方式。

（3）外出自带充电器，避免使用公共场所提供的快速充电器，不仅节约电能，还可以对手机电池起到保护作用。

（4）尽量在电池电量用尽后再充电，以延长手机电池寿命。

低碳小贴士

新锂电池前3～5次充电达14小时以上可延长其使用寿命。

减少充电次数，可延长电池的使用寿命。

开着手机充电，会缩短手机寿命。

☆ 不煲电话粥

手机电磁危害已形成共识。英国科研人员在皇家医院做的一项试验证明了手机危害的存在，瑞典的一家科研机构对1万多个使用手机的瑞典人作了一项调查，结果表明，使用手机越频繁的人，其身体不舒服的感觉越明显。实际上尽量少用手机也是控制碳排放，实在控制不了，也应该注意以下几招来减少伤害。

第 1 招

喜欢"煲电话粥"的人，打电话不要一直用一侧接听，打5分钟就换另一侧。

第 2 招

手机信号刚接通时，辐射最大，最好让手机远离头部。

第3招

如果能用固定电话，就不要用手机，以减少电磁对人体的辐射。

第4招

常使用手机者，在饮食上多食富含优质蛋白质、磷脂和 B 族维生素食品。

第5招

别在嘈杂的环境打电话，因为需要手机紧贴耳朵才能听清对方说话，会给耳朵造成很大负担。

第6招

别躲到建筑物的角落接听电话。建筑物角落的信号比较差，因此，会在一定程度上使手机的辐射功率增大。基于同样的道理，身处电梯等小而封闭的环境时，也应慎打手机。

第四章　办公设备

　　很多人都认为节能减排是需要高新技术或是专门的设备才能办得到的，对于没有处在生产一线或是专门的节能减排岗位上的员工而言，节能减排似乎与自己不太有关，这其实是大错特错的。其实，节能减排与我们每一个人、每一个岗位、每一个员工的每一个工作细节都是息息相关的，即使是"朝九晚五"只坐在办公室里工作的员工，也一样可以节能减排。

☆ 办公空调节能

　　无论是从节能还是从健康的角度考虑，将空调的温度夏天设置得过低、冬天设置得过高的做法都是不合理的。盛夏期间，室内与室外的温差最好在 4～5℃；冬天，室内温度最好控制在 20℃以下。夏季空调设定温度调高 1℃，可以节约用电 5%～8%。

第 1 招

　　室外机置于易散热处，室内与室外连接管尽可能不超过推荐长度，可增强制冷/热效果。

第2招

应具备合适的用电容量和可靠的专线连接，并具有可靠的接地线。尽量少开门窗，使用厚质、透光的窗帘可以减少房内外热量交换，利于省电。

第3招

开空调之前，提前开窗换气，空调开机后将窗户关闭。

天气怎么这么热？

第4招

设定适当的温度，夏天将温度调为26℃以上，冬天在20℃左右。

第5招

　　由办公室物品管理人员负责定期清扫滤清器，约半个月清扫1次。若积尘太多，应把它放在不超过45℃的温水中清洗干净。清洗后吹干，然后安装上，使空调的送风通畅，降低能耗的同时对人的健康也有利。

这空调怎么不制冷了？

第6招

　　不要挡住出风口，否则会降低冷暖气效果，浪费电力。

第7招

　　调节出风口风叶，选择适宜出风角度，冷空气比空气重，易下沉，暖空气则相反。所以，制冷时出风口向上，制热时出风口向下，调温效率大大提高。

第8招

控制好开机和使用中的状态设定，开机时，设置高风，以最快达到控制目的；当温度适宜，改中低风，减少能耗，降低噪声。

好热啊，快用高风给我吹吹！

第9招

较长时间离开办公室、下班后将空调关闭，并将电源切断。

第10招

写字楼内的中央空调，夏天要按照国家规定"写字楼内温度不能低于26℃"的要求设定好，冬天也不要设置很高的温度。

温度不能低于26℃！

第11招

提前开窗换气，之后就将窗户关闭或者开个小缝。

第12招

办公室内最后一个人走时，将办公室的空调关闭。

☆ 办公照明节能

据专家测算，如果以功率为11瓦的高品质节能灯代替60瓦的白炽灯，不仅减少耗电80%，亮度还能提高20%～30%。以每天使用4小时、推广使用12亿只计算，一年可节电858.48亿度，而三峡电站年发电量也只有850亿度左右。所以，照明节能对于企业和员工而言都是十分重要的。

第1招

政府、企事业单位要从自身做起，树立节约能源、减少污染的正确态度，将办公室内的白炽灯以及其他高耗能灯换成节能灯。

第2招

节能灯耗电量非常小，但开关的时候电流量大，且会减少寿命，所以，用节能灯不需要频繁开关，短时间内，比如2小时不用，可以不关。

第3招

写字楼或者办公室统一安装节能灯时，要根据办公室大小和人数合理安装开关，不要一个开关控制多盏灯。

第4招

要根据不同的场合，优先采用光效高、显色性好的光源和高效灯具。

第**5**招

高效灯具有多种类型，各有自己的特点和适用场所，应该根据使用条件和要求应用。

紧凑型荧光灯（俗称节能灯）是高效灯具中的一种。它尺寸紧凑，便于使用优质的三基色荧光粉，容易配用电子整流器，从而具有显色性好、无频闪、光效高等优点，很方便替代白炽灯泡，而广泛应用。

第**6**招

应当充分利用自然光，在不降低照明质量的前提下，不必要的情况下尽量少开灯或者不开灯。

第**7**招

人走灯灭，杜绝"长明灯"现象。

低碳小贴士

国家发展和改革委员会关于正确使用节能灯提出的 5 点建议

◆ 注意灯上标注的使用电压，如果低电压钠灯在高电压电源下使用，灯就会被烧毁。

◆ 用户应使用质量合格的品牌，警惕和拒绝使用劣质品。

◆ 注意选择和正确使用不同功率的灯。节能灯的光效一般比白炽灯高 5 倍。原来使用 60 瓦白炽灯的地方，现只需使用 13 瓦的节能灯就够了。

◆ 尽量减少灯的开关次数。每开关 1 次，灯的使用寿命大约降低 3 小时。

◆ 灯泡在使用一段时间以后，光通量就会大幅度下降，灯会越来越暗，这时要注意及时更换新灯泡。

☆ 办公室打印机节能

第 1 招

减少开机次数。喷墨打印机每启动一次，都要自动清洗打印头和初始化打印机一次，并对墨水输送系统充墨，这样就使大量的墨水被浪费，因而最好不要让它频繁启动。最好在打印作业累积到一定程度后集中打印，这样可以起到节省墨水的效果。

第<big>2</big>招

选择合适的打印模式。喷墨打印机的耗墨量与其打印质量和分辨率成正比，应根据不同的应用要求选择不同的打印分辨率和打印质量。现在的喷墨打印机都增加了"经济打印模式"功能，在打印平时自己看的稿子时，完全

可以采用这种模式。使用该模式可以节约差不多一半的墨水，并可大幅度提高打印速度。不过，如需高分辨率的文件还是不要选择该模式。

第<big>3</big>招

巧妙使用页面排版进行打印。现在的喷墨打印机都支持页面排版的方式来打印文件，使用该方式来打印，可以将几张信息的内容集中到一页打印出来。在打印样张时把这个功

能和经济模式结合起来就能够节省大量墨水。但是，该功能并不仅仅是为了省墨才设置的，比如在打印一本书的封面时，该功能是非常有用的。

第**4**招

减少墨头清洗次数。喷墨打印机在使用过程中常出现墨头被堵现象，造成被堵的原因很多，如打印机的工作环境、墨水的质量、打印机闲置的时间等，由于每次清洗墨头都要消耗大量的墨水，所以应尽量减少清洗墨头的次数。如果发生堵头现象，在清洗喷头一次之后，如果有效果，请不要马上就重复清洗喷头，等一天之后一般的堵头就可以解决。如果当时连续清洗多次，未必马上出效果，且墨水浪费严重。

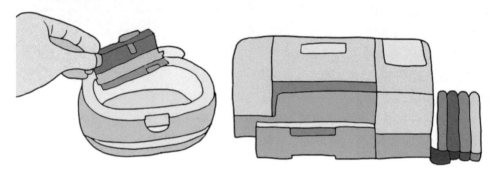

第**5**招

避免墨盒长时间暴露。避免将墨盒长时间暴露在空气中而产生干涸堵塞现象，应该在墨盒即将打完墨时马上灌墨，并且灌墨后立即上机打印。要是打印机暂时不使用的话，也可以将喷头放在专用的喷头存储盒中，其中，特制的垫可以阻隔空气，保持喷嘴的长久润湿。

墨盒打完墨，请您立即灌墨并上机打印！

第6招

不要立即更换墨盒。喷墨打印机是通过感应传感器来检测墨盒中墨水量的，不论几种墨色，只要检测到一种墨水含量小于内部设定，便提示要更换墨盒。

第7招

减少大面积底色。有的人设计网页或图表时喜欢用黑色或其他深色作底色，这很消耗墨水，因而在打印前，需要将底色去掉或用较淡的墨水，否则，深的底色既浪费了墨水，也浪费了纸张，还可能因为打不好而不能用。

第8招

设置打印缩放比例。如果对打印内容要求不是太高，可进行表格的压缩打印，即选择在一张纸上打印几页容量的表格。设置时只需打开"页面设置"对话框的"页面"选项卡，选中"缩放比例"单选框，输入需要缩放的比例如"50%"就可以了。如果要打印的表格内容超过1页，且第二页中的记录数只有几行，可选择将第二页中的内容打印到第一页上，这样既美观又节约了纸张，何乐而不为呢。方法是将页面设置调整为"1页宽1页高"就可以了。

第9招

打印机共享，节能效果更好。将打印机联网，办公室内共用一部打印机，可以减少设备闲置，提高效率，节约能源。

第10招

运用草稿模式打印，省墨又节电。在打印非正式文稿时，可将标准打印模式改为草稿打印模式。具体做法是在执行打印前先打开打印机的"属性"对话框，单击"打印首选项"，其下就有一个"模式选择"窗口，在这里我们可以打开"草稿模式"（有些打印机也称之为"省墨模式"或"经济模式"）。这样，打印机就会以省墨模式打印，省墨30%以上，同时可提高打印速度，节约电能。

第11招

打印尽量使用小号字。根据不同需要，所有文件尽量使用小字号字体，可省纸省电。

第12招

不使用打印机时将其断电。留意打印机的电源插头，长时间不用，应关闭打印机及其服务器的电源，同时将插头拔出，减少能耗。

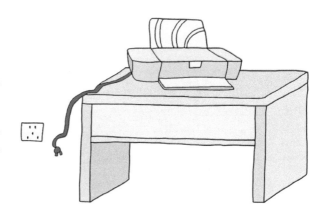

低碳小贴士

不使用打印机时将其断电，每台每年可省电10度，相应减排二氧化碳9.6千克。如果对全国保有的约3000万台打印机都采取这一措施，那么全国每年可节电约3亿度，减排二氧化碳28.8万吨。

☆ 办公室复印机节能

这就是"中国节能产品认证"的节能复印机啊！

第 1 招

选购通过"中国节能产品认证"的节能复印机。根据单位规模的大小选择合适型号的复印机。复印任务少的公司可以选择打印、复印、传真一体机。

第 2 招

复印机每次在开机时，要花费很长时间来启动，在不用复印机时，视时间的长短来选择关闭或处于节能状态。一般来说，40分钟内没有复印任务时，应该将复印机电源关掉，以达到节电的目的；如果40分钟内还有零散的任务时，可以让复印机处于节能状态，这样既节能，又能保护复印机的光学元件。

第 3 招

将复印机放在一个干净的环境内，远离灰尘，远离水，并且不要在复印机上放置太重的物品。

☆ 办公室传真机节能

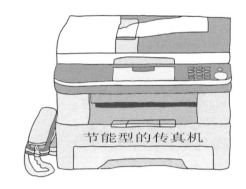

第 1 招

选购节能型的传真机。

第 2 招

可以使用网络传输的文件不用传真机。

第 3 招

　长时间不用时关闭电源，短时间不用时使传真机处于节能状态。

第 4 招

下班后关闭传真机，并切断电源。

☆ 办公室电脑节能

电脑屏幕太亮了，你应该调暗一些！

第 1 招

显示器选择适合的亮度。显示器亮度过高会增加耗电量，也不利于保护视力。要将电脑显示器亮度调整到一个适合的范围内。

第 2 招

如果电脑只用来听音乐时，可以将显示器调暗或是关掉。电脑关机后也要随手关掉显示器。

第 3 招

设置合理的"电源使用方案"。为电脑设置合理的"电源使用方案"，短暂休息期间，可使电脑自动关闭显示器；较长时间不用，使电脑自动启动待机模式。坚持这样做，每天可至少节省1度电，还能延长电脑显示器的寿命。

待机中......

第4招

使用耳机听音乐时可以减少音箱耗电量。在用电脑听音乐或者看影碟时，最好使用耳机，以减少音箱的耗电量。

第5招

关掉不用的程序。使用电脑时，应养成关掉不用的程序的习惯，特别是MSN（微软网络服务）、桌面搜索、无线设备管理器等服务程序，在不需要的时候应该把它们都关掉。

第6招

办公电脑屏保画面要简单、及时关闭显示器。屏幕保护越简单越好，最好是不设置屏幕保护，运行庞大复杂的屏幕保护可能会比你正常运行电脑更加耗电。可以把屏幕保护设置为"无"，然后在电源使用方案里面设置关闭显示器的时间，直接关显示器比起任何屏幕保护都要省电。

第7招

播放光碟文件尽量先拷贝到硬盘。要看 VCD 或者 DVD，不要使用内置的光驱和软驱，可以先复制到硬盘上面来播放，因为光驱的高速转动将耗费大量的电能。

第8招

禁用闲置接口和设备。对于暂时不用的接口和设备，如串口、并口和红外线接口、无线网卡等，可以在 BIOS（基本输入 / 输出系统）或者设备管理器里面禁用它们，从而降低负荷，减少用电量。

第9招

电脑关机拔插头。关机之后，要将插头拔出，否则电脑会有约 4.8 瓦的能耗。

第10招

经常保养电脑。电脑主机积尘过多会影响散热，导致散热风扇满负荷工作，而显示器屏幕积尘也会影响屏幕亮度。因此，平时要注意防潮、防尘，并定期清除机内灰尘，擦拭屏幕，既可节电又能延长电脑的使用寿命。

第五章　办公日常工作行为习惯

　　对于"朝九晚五"的上班族来说，实践"低碳"生活的理念更主要的是体现在日常工作行为中的绿色工作法则，这是需要企业和个人共同努力才能实践的"低碳"工作理念，这种工作理念对于企业和个人来说有时只是举手之劳，比如说工作时自带一份工作午餐既环保又经济实惠，下班时随手关掉电脑等这些小动作就可以为办公室节约用电量。

☆ 自带一份工作午餐

　　中午简单的午餐往往是上班族的难题，外卖叫多了，口味如"鸡肋"，拼桌下饭馆成本太高……要吃一顿营养搭配均衡，卫生又经济的午餐真是太难了，而自带午餐具有环保功效。

1. 省去从工作间至餐厅过程中来回搭乘电梯。目前，全国电梯年耗电量约 300 亿度。通过较低楼层改走楼梯、多台电梯在休息时间只部分开启等措施，大约可减少 10% 的电梯用电。这样一来，每台电梯每年可节电 5 000 度，相应减排二氧化碳 4.8 吨。全国 60 万台左右的电梯采取此类措施每年可节电 30 亿度，相当于减排二氧化碳 288 万吨。

2. 省去在餐厅吃饭时用的一次性筷子及餐巾纸。中国是人口大国，广泛使用一次性筷子会大量消耗林业资源。如果全国减少 10% 的一次性筷子使用量，那么每年可相当于减少二氧化碳排放约 10.3 万吨。

3. 省去叫外卖时餐厅使用的一次性塑料袋和快餐盒。

4. 吃饭的时候用废弃的打印纸张垫在饭盒下，这样可以节省餐巾纸，更加环保。

☆ **不喝袋装茶**

早上到公司喝 1 包速溶咖啡，一天至少 3 包袋装茶，朋友来家里都用一次性纸杯和袋装茶招待……这样的生活方式在年轻白领中很常见。

根据统计,每两秒钟,就有一片足球场大小的森林从地球上消失,每10棵被砍伐的树木中,就有4棵被加工为纸浆。一次性纸包装相比塑料包装虽然更容易降解,但生产环节却并不环保,那些生产包装纸的纸浆多数来源于树木。因此,我们应尽量使用能够反复利用的金属、玻璃包装,减少二氧化碳的排放。作为上班族,如果我们酷爱喝茶,那么我们应该选择不喝袋装茶,进而享受低碳生活。

☆ 包装的低碳账本

每1千克纸包装物排放3.5千克二氧化碳!

1. 每1千克纸包装物排放3.5千克二氧化碳

2. 袋装茶包装重量:总重量80克 - 净重50克 = 30克

袋装茶包装重量:
总重量80克 - 净重50克 = 30克

3. 一年因喝袋装饮料产生的废弃纸制品：48 个纸盒（包括 1 200 个茶包）× 0.03 千克 = 1.44 千克

1.44千克×3.5千克二氧化碳=5.04千克二氧化碳

4. 一年因喝袋装饮料而产生的二氧化碳排放量：1.44 千克纸包装 × 3.5 千克二氧化碳 = 5.04 千克二氧化碳

☆ 随手拔下身边的插头

用完电器后随后拔下身边的插头已经成为省电的常识，无论是个人还是企业，使用节能插座或者定时器切断设备电源都是省电的好办法。

用完电器拔插头，才能省下待机电力，这几乎已经是省电的常识了。在办公室里，如果不能要求每个人下班都把计算机插头拔掉，可以使用一些更便利的插座设计，只要主插座上的计算机主机关机，它便会自动切断所有子插座上的电源。

主机已关机

电脑已关闭！

许多办公室的设备，都能通过硬件的定时器来切断电源，这对于要管控员工下班之后有没有随手把IT相关设备关闭来说，会是一个好工具。

硬件的定时器种类繁多，而且还可以套用到很多其他非IT设备的用电上，比如说饮水机等。善用这些定时器，会远比逐一检查来的有效率，因为管理人员可以确定，时间到了，一定会关闭。部分厂商也有提供定时功能的插座，可以协助企业在一定时间内关闭不会使用到的IT设备。

一部手机的充电过程约要耗费16.5瓦的电力，待机1天下来就要花费1元，1年下来就要支出365元。减少待机电源是省电节能措施中很重要的一环，不只是充电器，各种其他会耗费待机电源的电器，在办公室中如果不是24小时都需要使用，最好的方法还是在使用完后，将它们的插头都拔掉。

☆ 工作时间如何让手机省电

工作时间，可以通过手机设置来省电，主要方法如下。

1. 很多手机铃声最初设置都是铃声＋振动，其实完全可以只设成铃声或者振动的其中一种，理论上说铃声更省电，但是使用振动还可以避免临时来电给其他同事带来的不良影响。除非工作环境真的很吵，吵到听不到铃声

的情况下可以两个设置都加上，最好的方法还是只用铃声。

2. 开机动画音乐也可以省掉。加这些设置虽然只延长开机时间几秒钟，但是这样的几秒钟对一个讲求工作效率的白领来说也是一种无形的浪费。并且，开机的动画基本上是给你一个人欣赏的。

3. 按键音关闭。这样既不给别人平添不必要的"噪声"，也为手机节约用电，一举两得。

4. 不要设置动画屏幕保护，这个设置非常费电。

5. 不要设置自动锁键功能，因为这个功能会使手机在变成屏保状态后，自动锁键盘屏幕还需亮一次。

☆ 少坐电梯

少坐一次电梯可减少碳排放约 0.6 千克，因此在可能的情况下都少坐电梯吧，多爬爬楼梯，锻炼的同时还响应了低碳生活的号召，健康又环保。

☆ 节水节电

第 1 招

节约每一度电，做到随手关灯，人走灯灭；人走电器关；电脑不用时将它调至休眠状态或关掉；空调的设定温度每降低1℃，耗电量就会相应增加10%。一般来说，既省电又降温的最佳温度是26℃。使用空调时关好门窗，午休或者办公室无人时，尽量关闭空调。这是节能的最直接有效的方法。

第 2 招

节约每一滴水，水龙头用后及时关闭，及时修理水管水箱，杜绝滴漏水的现象。一个关不紧的水龙头，即使是细小的滴流，一个月也可以流掉6立方米的水。此外，地下管道的暗漏更是惊人，多数用水单位内部都有暗漏的发生，个别单位的每月漏水量甚至可达1万吨以上，其浪费触目惊心。

第 3 招

节约每一个电话，不用公司电话聊天、谈私事；提高打电话的效率。打电话时最好在拿起话筒前拟一份简明的通话提纲，重要内容一字不差地写在提纲上。

第4招

节约每一张纸，复印纸、公文纸统一保管，按需领取，节约使用，尽可能双面打印或复印。平时工作所必需的表格等，最好改成双面打印，这样就可节省一半的纸张。缩小页边距和行间距、缩小字号。在非正式文件里，可适当缩小页边距和行间距，缩小字号。可"上顶天，下连地，两边够齐"，对于字号，以看清为宜，能用五号字的不用小四号字，能用小四号字的不用四号字。在打印时，能不加粗、不用黑体的就尽量不用，也能节省墨粉和硒鼓。在工作中，要充分利用好办公自动化系统，大力推进无纸化办公，能用电脑网络传递的文件尽量在网络传递，或使用移动硬盘、U 盘拷贝。

第5招

不要把公司的办公用品私自拿回家据为己有；把平时习惯丢掉的纸张捡起来，看看是否还能够派上其他用场。

第6招

出差办事以节约为主。能不出差就不出差。在许多情况下，只需打一个电话就能解决很多商务问题，又何必一定非去一趟不可呢？能坐经济舱就不要坐头等舱，住宾馆不要太讲究，出差人员合理搭配也能节约。

第7招

商务接待也要节俭。商务接待能节俭的也要节俭，不要奢侈浪费，铺张不仅不能得到客户的好评，还会留下一个浪费的坏印象，反倒不利于合作了。讲排场和要面子适可而止，点菜不求多，而求搭配恰当，够吃即可。剩菜打包不丢面子，而且是一个文明时尚的做法。

☆ **选择低碳的办公方式**

第1招

办理审批事项时，减少审批程序，实行集中办理、联合审批、网上审批等。

第2招

减少会议频率，缩短会议时间，推行电话会议、视频会议。

第**3**招

召开视频会议可以快速提升信息流通速度，提高工作效率和管理水平。减少出行，节省差旅费，大大减少碳排放量。

第**4**招

严格办公室节能制度，办公室实行电量监管。

第**5**招

加强办公耗材管理，减少回形针、修改带、修改液等含苯物品的使用。

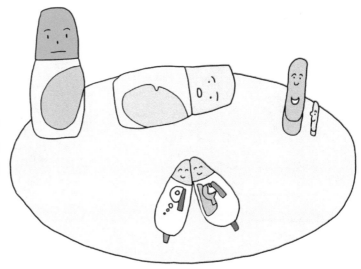

71

第6招

提倡使用钢笔书写，尽量不使用一次性签字笔。

第7招

实行办公设备定期维护和保养制度，减少设备损耗，延长使用寿命。

我们公司实行办公设备定期维护和保养制度！

第8招

淘汰的办公设备交有关机构统一处理，调理后将能继续使用的转给贫困地区。

第9招

为主办的大会购买碳指标，抵扣碳排放，实现碳中和。

禁止公车私用！

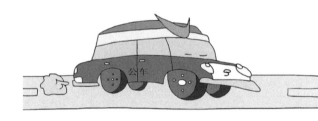

第10招

加强公车管理，提高公车使用效率，限制公车私用。

第11招

严格控制公务接待标准；陪客要限制人数，不得一客多陪；提倡来客招待限额包干制，严禁铺张浪费。

多吃点！

第12招

使用节能空调设备，夏天空调设置应不低于26℃，冬季设置应不高于20℃，下班前30分钟关闭空调。

夏天空调设置应不低于26℃，冬天空调设置应不高于20℃。

第13招

在办公室中推行使用节能灯。

第14招

为卫生间配备节水龙头。杜绝跑、冒、滴、漏和"长流水"现象。

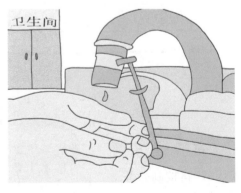

第15招

推行无烟办公室。在设立的吸烟区内，张贴戒烟宣传品。

第 **16** 招

办公室中注意绿色植物的摆放，既美化环境，又吸收空气中的化学气体，保护环境。

第 **17** 招

绿地用水和景观环境用水鼓励使用雨水和符合用水水质要求的再生水。

第 **18** 招

重复使用公文袋，并减少办公室内一次性物品（如一次性纸杯）的使用。

第 **19** 招

响应国家开展的全国公共机构节能宣传周"绿色办公、低碳生活"的主题。在"绿色出行日"，乘坐公共交通工具、骑自行车或步行上下班；在"能源紧缺体验日"，停开办公区域空调1天（除特殊场所外），停开公共场所（如门厅、走廊、卫生间）照明设施1天。6层以下办公楼及其他公共建筑原则上停开电梯，高层建筑电梯分段运行或隔层停开。

☆ 如何防治办公室污染源

第 1 招

要加强自我保护意识。

第 2 招

将复印机、激光打印机放在远离工作人群的地方，同时尽量少用它们。这样既有利于节省资源，还会减少臭氧对人身体的影响。

多通风，有助于身体健康！

第 3 招

在天气好的时候，多通风，如果难以办到也要使用空气过滤装置，清除空气中的污染物。

办公室养一些花草真好！

第 4 招

多养一些花草来吸收有害物质。

第六章　公务出行

公务外出的交通与餐饮，差旅与食宿，上下班交通工具的选择，处处都可以践行"低碳生活"。

☆ 乘坐飞机出差时的碳排放

据估算，乘飞机从巴黎到纽约来回平均每人排放 3 670 千克二氧化碳。也就是说，每飞行 1 千米，平均每位乘客排放约 0.3 千克二氧化碳。

此外，曾有计算表明，不同舱位的乘客，因占用的飞机机舱体积大小不同等原因，而排放不同数量的二氧化碳。飞机每飞行 1 千米，平均每位乘客所排放的二氧化碳量分别是：头等舱 0.75 千克左右、商务舱 0.50 千克左右、经济舱 0.25 千克左右。

☆ 合理使用公务车辆

公务车辆也是企业的一笔不小的开支，因而其节能减排方面也大有潜力可挖。企业要尽量减少公务用车，在不影响公务、确保安全的前提下减少独自用车；紧急公务活动确须使用公务车辆时，尽量集中乘坐。

第 1 招

从采购开始注意节约。尽量少采购高档车，倡导采购中档、排量较小的汽车；而且，从量上给予一定的控制，适量即可。

第 2 招

爱车是司机的本分，要树立司机不论开公车还是私车，都要爱护好，做好保养，注意节约。

第 3 招

从制度上加以约束。严格执行公务用车编制和配备标准；实行车辆定点加油、定点维修和保养；科学核定单车油耗定额，登记单车燃油消耗；严禁使用高压自来水冲洗车辆；参加集体公务活动，提倡集中统一乘车。

第4招

还要注意节省公务车辆的用油。保持合理行车速度。每种汽车都有自己的经济车速，在此车速下行驶耗油量最低。

第5招

公务车一般来说是中高档车，经济车速较高，一般都在80～90千米/小时。在条件较好的道路上行驶时，控制在此车速以内，可以取得节油的效果。

第6招

避免不必要怠速运转，一般小型汽车怠速运转1分钟以上所消耗的燃油要比重新起动所消耗的燃油多。所以，停车时间较长时，应将发动机熄火。

第7招

发动机空转 3 分钟的油耗就可让汽车行驶 1 千米。在行驶中应尽量避免突然加速和减速,因为突然加速时耗油量比平缓加速耗油多很多。

第8招

办公用车装有减速滑行加油阀和节气门缓冲器,在减速的瞬间还要继续甚至多供燃油,这都会造成燃油的浪费,所以行车中应力求保持车速平稳。如果开车时巧用空挡滑行,一辆 1.6 升排量的轿车每月可以节约 10 升汽油。

第9招

润滑油应使用黏度最低的。润滑油黏度越低,发动机就越省力。

第 **10** 招

定期更换标号恰当机油。公车应该专门有人维护发动机，有问题立即送修，定期更换机油是最有效的方法。发动机越小，机油容量越少，换油应当越频繁。

第 **11** 招

换油时一定要按照自身车辆的机油标号更换机油，不是标号越高越好，使用超标号机油也费油。

☆ 选择低碳的公务出行方式

随着电子通信科技的发展，以前的出差、会议等活动，现在多可用电话会议或视频会议替代。这样不仅节省时间和金钱，还减少了因外出使用交通工具和住宿所产生的二氧化碳排放。

即使必须在国内出差，也应尽量减少乘坐飞机的次数，改乘火车、汽车等交通工具。据估算，短距离空中旅行所产生的二氧化碳排放，是乘坐火车的3倍以上。

如果到国外出差，尽量乘坐直航航线，而不是需转机或是中途经停的航线，并选乘经济舱。

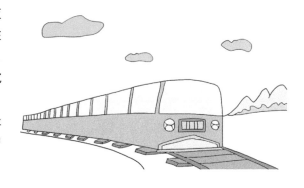